看漫畫了解腦神經科學

NEUROCOMIC

馬泰歐‧法瑞內拉博士
DR. MATTEO FARINELLA

漢娜‧羅斯博士
DR. HANA ROŠ

PROLOGUE

序幕

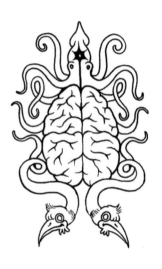

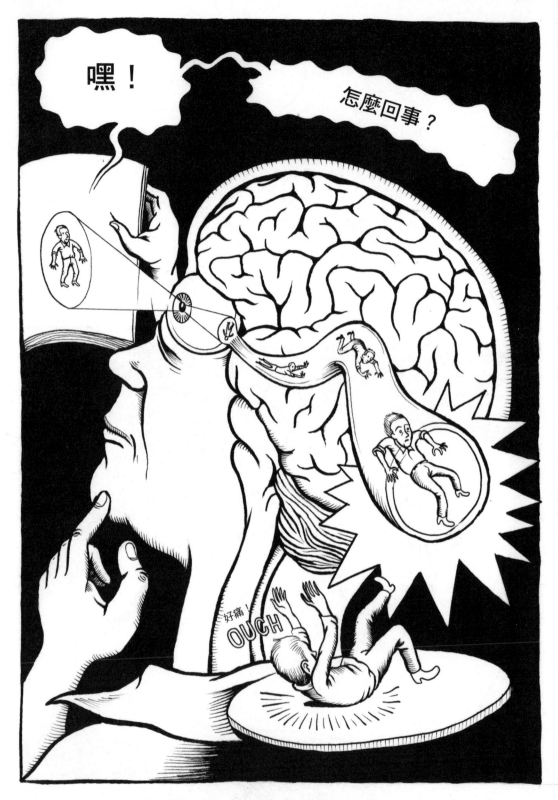

MORPHOLOGY

形態學

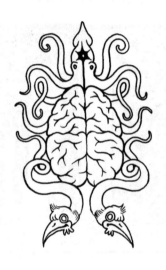

有人在那……

先生，不好意思，抱歉打擾一下。

你有沒有看到一個女生經過？

帥哥，這裡恐怕沒那麼多女孩子可找。

你在**大腦**裡面！就是你自身存在的核心……

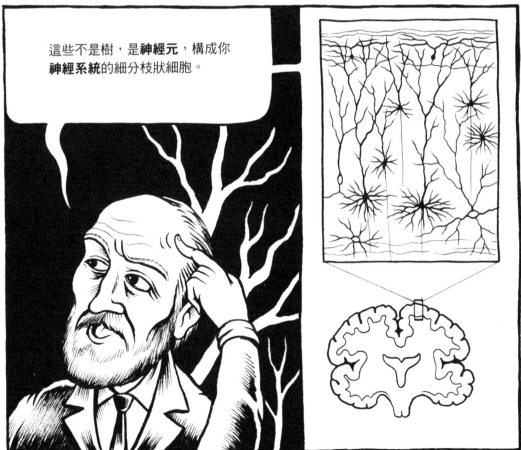

這些不是樹，是**神經元**，構成你**神經系統**的細分枝狀細胞。

從你的感官受器到控制你肌肉的神經，一切都從神經元開始，從神經元結束。你所感覺到的、記住的或夢到的，都存放在這些細胞裡。

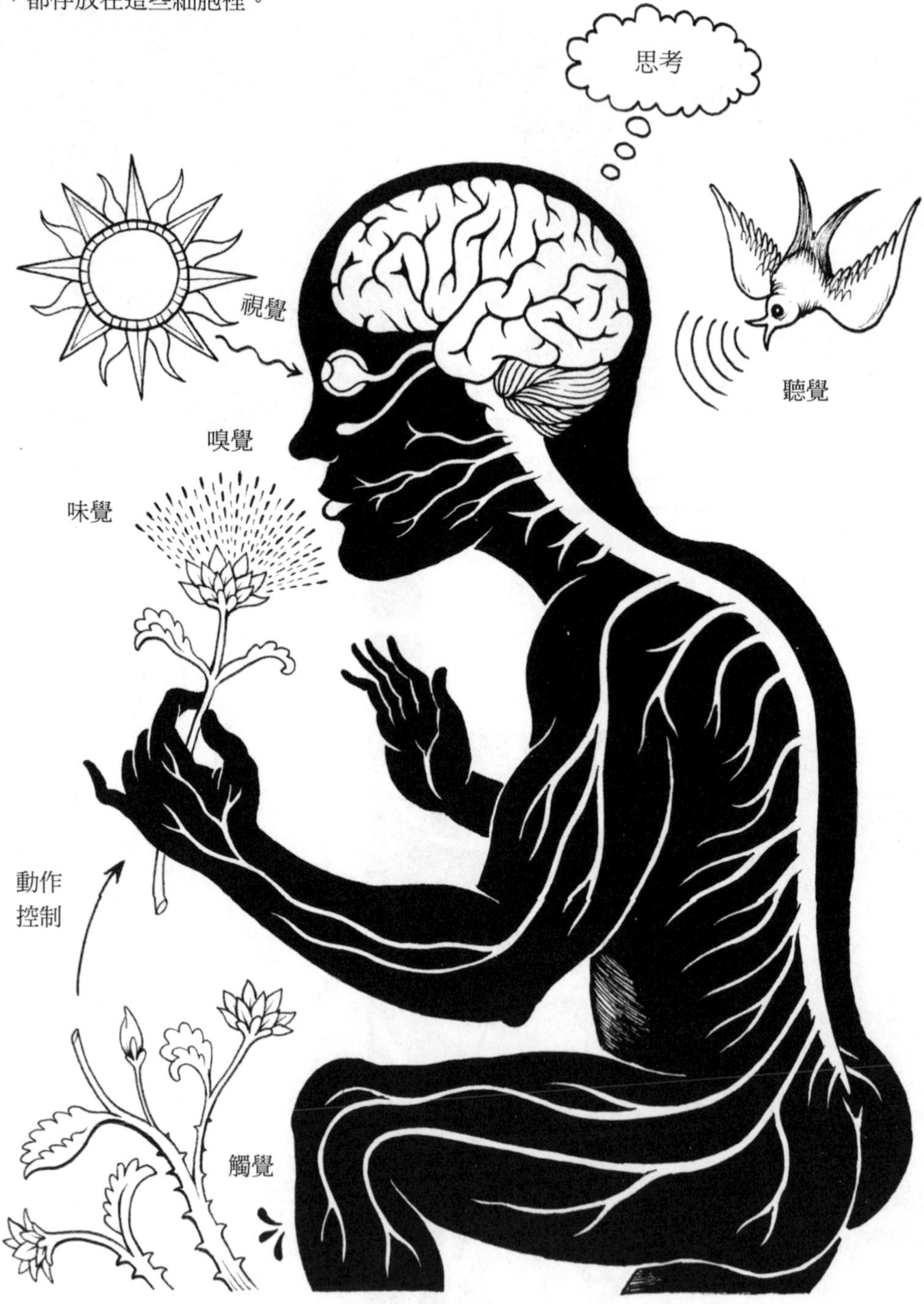

思考

視覺

聽覺

嗅覺

味覺

動作
控制

觸覺

聖地牙哥・拉蒙・卡哈爾（Santiago Ramón y Cajal, 1852-1934）是西班牙神經科學家和諾貝爾獎得主。他始終熱中於繪畫，卻開創了大腦結構的研究，被視為神經科學之父。

卡哈爾先生，留步！功勞可不全是你的，要是沒有我，你一個神經元都看不見。

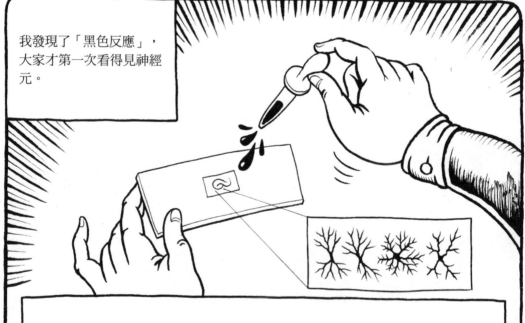

我發現了「黑色反應」，大家才第一次看得見神經元。

卡米洛・高爾基（Camillo Golgi, 1843-1926）是義大利科學家和諾貝爾獎得主，他發現只要將一小叢神經元染色，就可以在顯微鏡下看見它們複雜的分枝狀結構。

是的，高爾基先生，但你的「**網狀理論**」（Reticular Theory）是錯的！

你說神經是**融接**在一起，組成「**網狀結構**」（有些情況是例外）；但當然不是這麼一回事⋯⋯

平心而論，高爾基教授認為，在神經系統中，訊息是在神經元之間來回傳遞；這是對的。

實在非常感謝你，我敬愛的同事。

不過，當然啦！最後證實卡哈爾教授的「神經元理論」（Neuronal Theory）才是對的。

每個神經元都是獨立的細胞，結構非常清晰，通常可區分為三個部分：

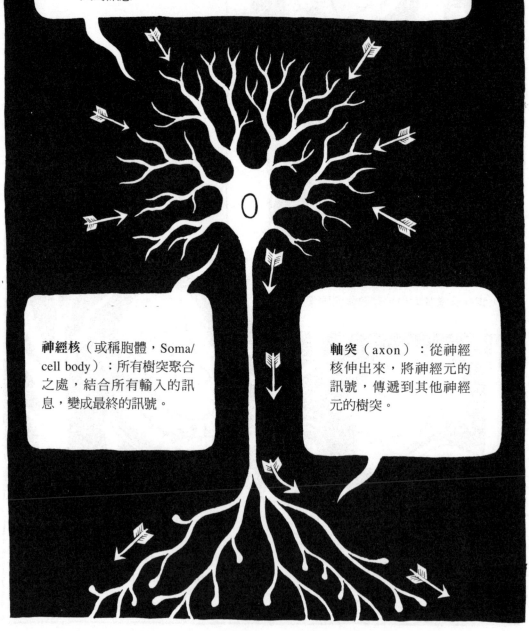

樹突（dendrites）：細樹枝狀結構，可接收其他許多神經元輸入的訊息。

神經核（或稱胞體，Soma/cell body）：所有樹突聚合之處，結合所有輸入的訊息，變成最終的訊號。

軸突（axon）：從神經核伸出來，將神經元的訊號，傳遞到其他神經元的樹突。

你會發現神經元的形狀千變萬化，想得到的都有：

這是阿傑，我最喜歡的神經元之一，小小的**顆粒細胞**（granule cell）。

汪汪

他只有四個短樹突，儘管這麼小隻，他的軸突卻超長……

拍拍

嗯，但我不懂啊！

如果神經元實際上沒有連接在一起，軸突和樹突要怎麼彼此溝通？

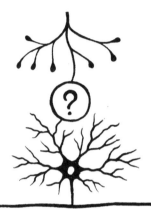

搞不好，我假裝對這些有興趣，他們就會告訴我怎麼離開這裡了。

要回答這個問題嘛，你得瞧瞧神經元的內部。

請便……

!?

PHARMACOLOGY

藥理學

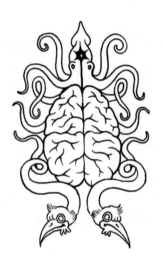

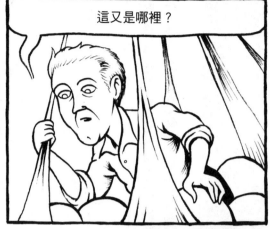

你好，我是**查爾斯・史考特・謝靈頓**（Charles Scott Sherrington）爵士，這裡是**突觸**（synapse）。我自己用希臘字syn-aptein（鉤在一起）取的。

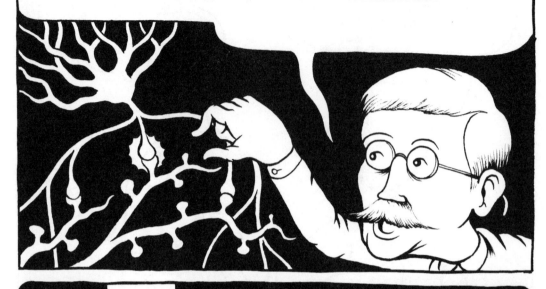

突觸就是軸突和樹突最靠近彼此、傳遞訊息的部位。

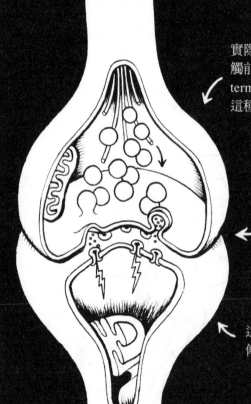

實際上它們無須接觸，就可以傳遞訊息：突觸前神經元的軸突會長出**突觸末梢**（synaptic terminal），裡面有充滿了稱為神經傳導物質這種特殊分子的液胞。

神經元發射訊號時，會釋放液胞到**突觸間隙**（synaptic cleft）。
分子會接著擴散到突觸後樹突的表面上。

這通常會形成**神經棘**（spine），是神經傳導物質與刺激下一個神經元的特定**受器**（receptor）發生反應之處。

突觸傳導有兩大優點：

第一，同樣的訊號會有不同
的意義，視突觸中出現的分
子與受器組合而定。

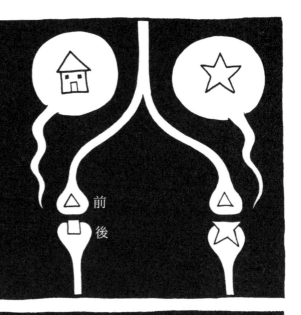

第二，神經元發射訊號時，會把
訊號傳遞到所有突觸末梢，但許
多突觸必須動起來，每個神經元
才能產生新訊號。

突觸並非都能同時動起來，這就
是**大腦運算**的祕密。

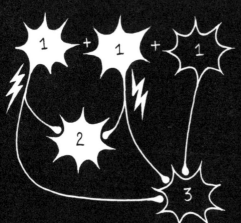

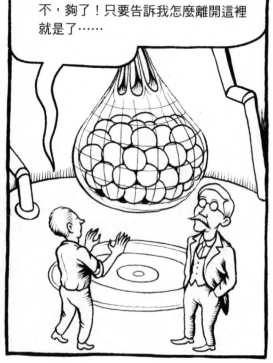

好吧！首先，你需要這個……

然後你得進入**液胞**裡……

ZAP

嗖！

嘿，等一下！

液胞是什麼鬼啊？

伯納德・卡茨（Bernard Katz）爵士會回答你，我現在有事要忙。

嗨！我是伯納德。讓我來告訴你，接下來會發生什麼事……

41

1950年代我在倫敦大學學院從事研究時，發現了突觸傳導是不連續的。

不但如此，神經傳導物質會以「量子」（Quanta）的形態釋出。量子封在**液胞**內，是好多小小包的模樣。

每個突觸都有一堆液胞，每當神經元發射訊號時，液胞就會靠近神經元表面：

它們會與外頭的薄膜融合在一起：

接著液胞內的神經傳導物質就會被釋出到外面……

我們都是**神經傳導物質**。

我們要為神經元完成特定任務。

我們每個人都帶著一把特殊的**鑰匙**……

CLICK
喀

可以打開叫做**受器**的對應暗門。

跟你介紹一下我們這個團隊：
我叫**多巴胺**（Dopamine），我在大腦的獎賞和學習上，扮演很重要的角色。

血清素（serotonin）是我妹妹，就像我一樣，會沈澱愉悅感；主要負責調節心情、胃口和睡眠。

乙醯膽鹼（acetylcholine）有時候會在大腦裡幫我們一把，不過她也負責末梢神經系統的肌肉控制。

麩胺酸（glutamate）是人類大腦中主要的興奮神經傳導物質。他與各種重要的任務都有關，特別是學習和記憶。

最後是 γ 胺基丁酸（G.A.B.A），我們當中最強的成員。他可以抑制和刺激大腦的神經元。

過來幫我們一下……小心點就是了！

我？

那裡可能有危險……

……有很多**藥物**會干擾神經傳導物質的正常活動。

這些藥物有三種不同的樣貌：有些稱為**拮抗劑**（antagonist），會阻礙通往受器的路徑，中斷正常的神經傳導。

相反地，**活化劑**（agonist）可以開啟受器。

像是**酒精**，可以刺激大腦的抑制機制，讓你放鬆，但也讓你反應變慢。

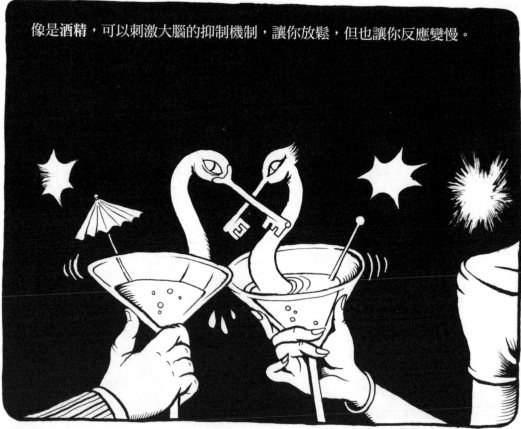

最後是**調節劑**（modulator），它們的作用更複雜：它們需要神經傳導物質開啟受器，但接著會阻止神經傳導物質離開突觸間隙。

有很多藥物都是多巴胺和血清素的調節劑，有刺激的作用，可以延長和催生愉悅感。

不過，有些實用的藥物，像是**抗憂鬱劑**（antidepressant），就是我們的夥伴……

大腦失常時，神經元不會製造出足以開啟突觸受器的神經傳導物質（因此，舉例來說，大腦就無法感受到愉悅）。

這時我們就得呼叫支援了！

我聽夠這些神經傳導物質了,事不宜遲,最好快點開溜!

現在我離開神經元了,要找到離開大腦的出路,應該不會太難……

‼?

先生,不好意思,你可以告訴我怎麼離開這兒嗎?

ELECTROPHYSIOLOGY

電生理學

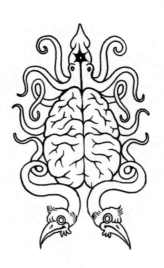

喔不！所有受器都關閉了。我困在細胞裡了！

你還好嗎？

不！不好！我迷失在森林裡、被神經元吞噬、空降到一群怪物當中，現在又差點淹死……

還會發生什麼事！？
你們到底是誰？
這艘潛水艇怎麼了？

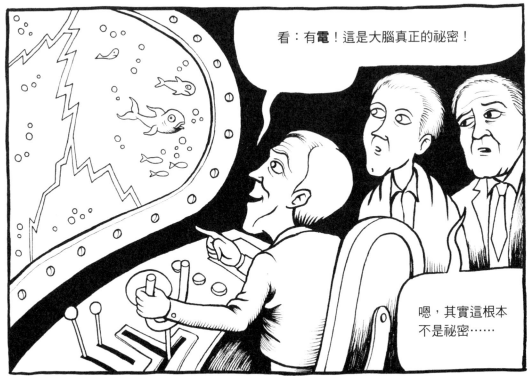

早在高爾基開始用顯微鏡觀察神經
元之前，大家已經知道神經系統是
部電子儀器。

十六世紀，另一位義大利科學家發
現，肌肉可以靠通電來控制。

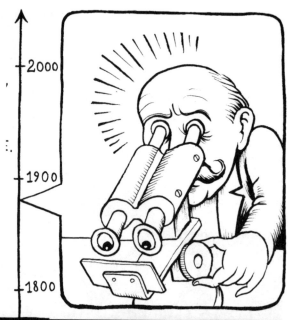

路易奇・伽伐尼（Luigi Galvani）感興趣的是電對人體的影響。

有一天，伽伐尼剝了一隻青蛙的皮，摩擦青蛙皮來做靜電的實驗。伽伐尼的助手用金屬解剖刀碰了一下青蛙露出來的神經，就通電了。就在當下，他們看到火花，死掉的青蛙踢了一下腿，彷彿還活著！

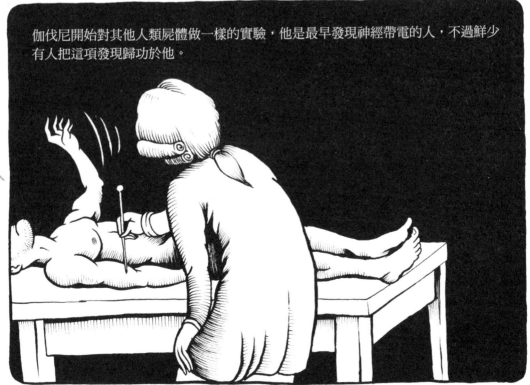

伽伐尼開始對其他人類屍體做一樣的實驗，他是最早發現神經帶電的人，不過鮮少有人把這項發現歸功於他。

離子（ion，帶電粒子）在區域之間流動會產生電。是的，你知道，同種電荷的離子互相看不順眼，所以，如果同時有很多離子集中在一個薄膜內，就會想從可穿透的孔洞中逃脫，因而產生電流。

快樂的離子

在神經元中確實發生的情況是這樣：細胞內外有不同數量的**離子**，由維持細胞膜電位的**離子幫浦**產生。

當神經傳導物質打開突觸後受器時，外圍的離子會快速流入細胞，有效使電流注入神經元，改變薄膜電位差。

可以把細胞的內外部當成電池（薄膜）的兩極，而這顆電池是靠幫浦來充電。

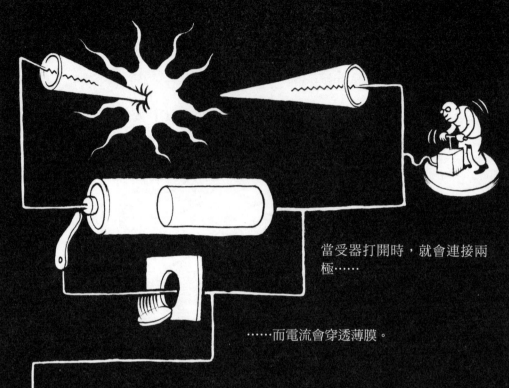

當受器打開時，就會連接兩極……

……而電流會穿透薄膜。

每個受器都會產生不同強度和持續時間的電流。

有充足的電流同時通過細胞時，「燈」就會亮……

然後細胞就會發出新訊號！

真聰明！

嗯，我真好奇，為什麼神經元要這麼大費周章用上電子訊號。難道靠神經傳導物質的化學訊號還不夠嗎？

不、不、不，大腦兩個都需要！首先，**因為電子訊號速度更快**，能在體內迅速傳過一大段的距離。生死可能就在這麼一瞬間。

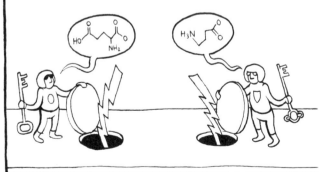

也因為將所有不同的化學訊號轉成電流，神經元就能將它們結合在一起，**在細胞內運算**。

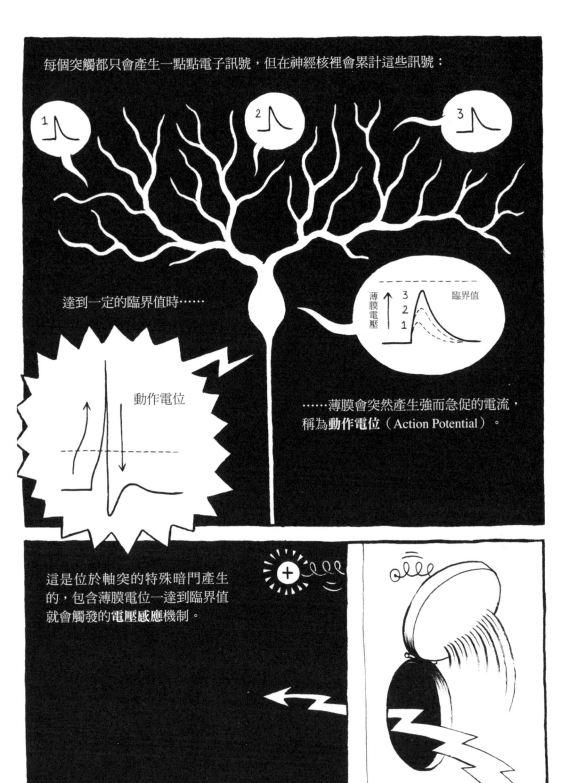

每個突觸都只會產生一點點電子訊號，但在神經核裡會累計這些訊號：

達到一定的臨界值時……

……薄膜會突然產生強而急促的電流，稱為**動作電位**（Action Potential）。

動作電位

這是位於軸突的特殊暗門產生的，包含薄膜電位一達到臨界值就會觸發的**電壓感應機制**。

動作電位！聽起來很酷！
接下來會發生什麼事？

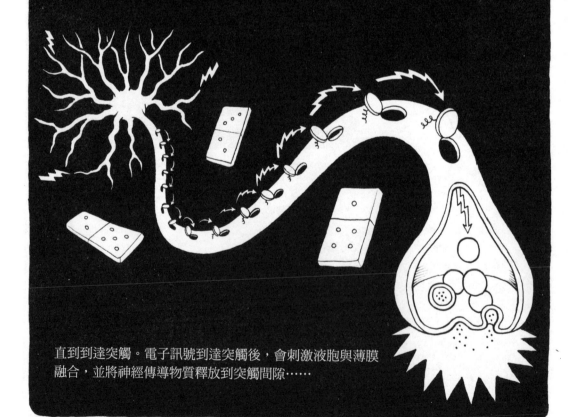

這龐大的電子訊號，會對充滿電壓控制通道的軸突觸發骨牌效應，前段的動作電位就會打開後段的通路，然後一直這樣下去……

直到到達突觸。電子訊號到達突觸後，會刺激液胞與薄膜融合，並將神經傳導物質釋放到突觸間隙……

嘿！那到底是什麼鬼？

是**樹突**！

什麼？

你要知道……要記錄像神經元這麼微小的結構所發出的電流，幾乎是不可能的。

因此，我們不得不在實驗中請出這條大烏賊了，也就是直徑達1公釐的巨大軸突……

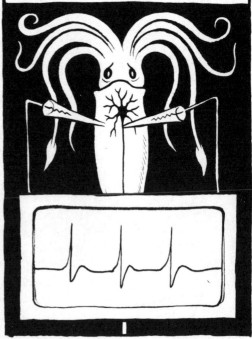

現在，大烏賊出來報仇了！

PLASTICITY

可塑性

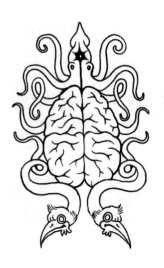

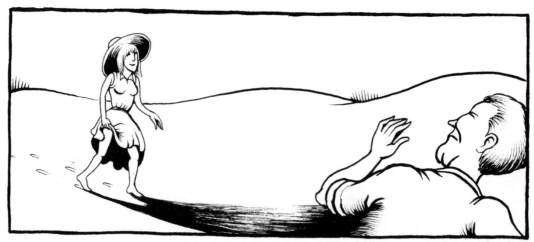

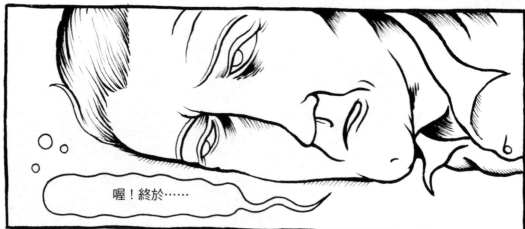

喔！終於……

救命啊！

怎麼辦……我有點搞不清楚狀況。

搞不好你失去記憶了。

嗯，我只記得自己在一艘潛艇裡，但後來出現了海怪……和一位正妹……喔，不過這一切都太怪了。也許這一切都是**夢**……

有什麼差別？夢啊，記憶啊……全都發生在大腦裡！

例如學習演奏樂器。促成像海蝸牛這麼簡單的生物都可以學會的動作記憶。

再來是第二種記憶，與特定地方或日期相關，通常帶有強烈的情感意義。

這第二種記憶，儲存在大腦的儲藏室**海馬迴**（Hippocampus）。它得處理日期、地圖和生活中一切重要事實……

工作真的很吃重。

嗯，地圖？

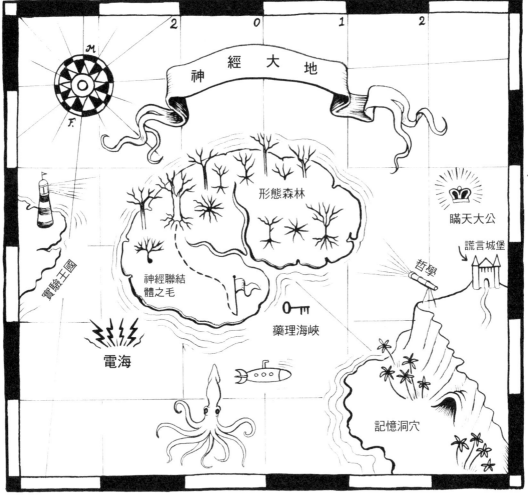

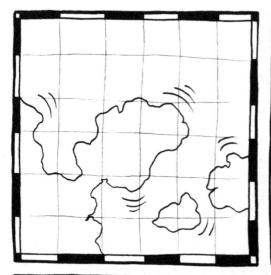

這張怪地圖一直在變化！這樣我怎麼看得懂啊？

那當然！這正是大腦最神奇的力量：大腦是有可塑性的！

一旦你學了某件事物，它並非一成不變，而是會持續透過經驗來塑形。

但我得想辦法離開這裡！

嘿！這是什麼？

都是我入了鏡的照片啊……

這到底怎麼回事？這是我的記憶嗎？

喔！別傻了！你怎麼可能在你自己的大腦裡？

有點兒不對勁。

有人在監視我……我得找出這顆大腦的主人是誰！

能否請你告訴我,這些記憶是怎麼形成的?

嗯,這問題有點棘手……

喔,聽那鈴聲!巴夫洛夫正在做新實驗。

叮 ♪ DING

跟我來,事情就會越來越明白了……

?

狗看到食物（非制約刺激）時，會自然反射性流口水（非制約反射）。

每次巴夫洛夫餵狗時，就會按鈴（制約刺激），而鈴聲通常不會讓狗流口水。

如果這樣反覆幾次，大腦就會建立兩種刺激的關聯性，狗聽到鈴聲，就是會流口水（制約反應）。

好吧！但大腦到底要怎麼建立兩件事的關聯？

來，靠近點兒看。

有與鈴聲相關聯的神經元，也有與食物（引起流口水）相關聯的神經元。一般來說，這些關聯性是很寬鬆的。

但每當神經元一起被啟動，這種連結就會強大起來……

所以，一再刺激與鈴聲相關的神經元，就足以啟動通常與食物相關的神經元，引發流口水反應。

另一方面，從未一起受到刺激的神經元，彼此之間的連結就會變弱或消失。

一邊種植，一邊修剪，經驗就會塑造出一片神經元的森林。

（記憶）

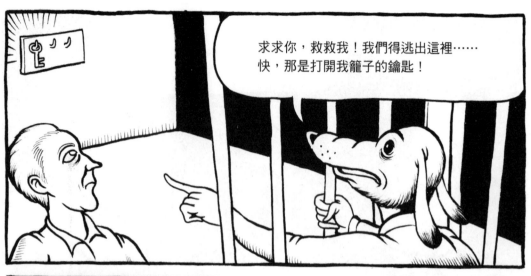

SYNCHRONICITY

同步性

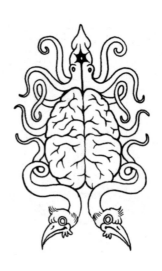

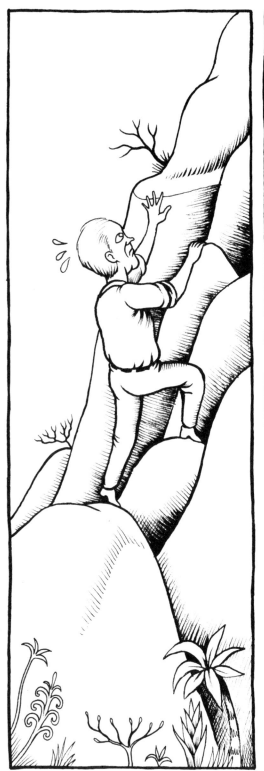

PANT
PANT
喘吁吁

先生，不好意思，您能
不能……

你可以看到，大腦表面有**波**：有時候強一點，有時候弱一點，很難說它們是從哪兒來的。

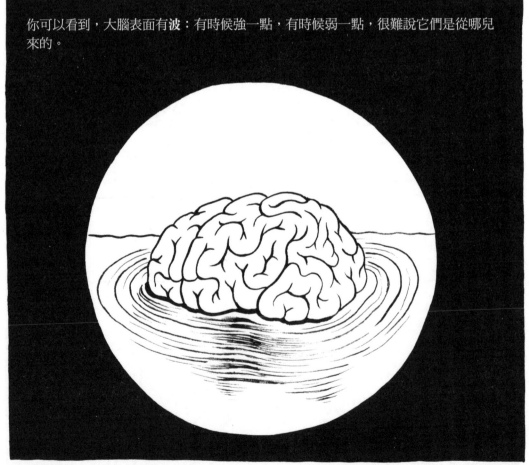

我的名字是漢斯‧伯格（Hans Berger），我率先在 1924 年用自己發明的機器觀察這些「**腦波**」（稱為**腦電波圖**）。我透過貼在頭皮上的電極片，記錄大腦的電子活動。

現在，科學家認為，這些電波反應出一叢叢神經元的相關活動，訊號出現高峰時，**同步現象**也最顯著……

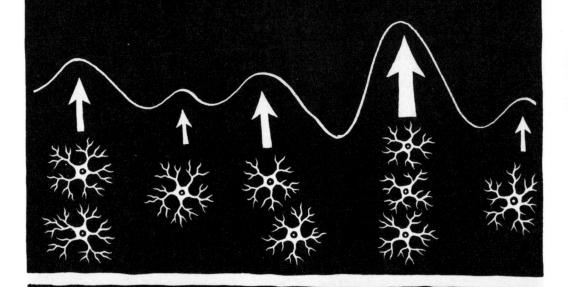

但是，目前還不清楚，這種同步現象是否只是巧合，還是像交響樂一樣，是大腦用來判讀每個神經元訊號的某種旋律。

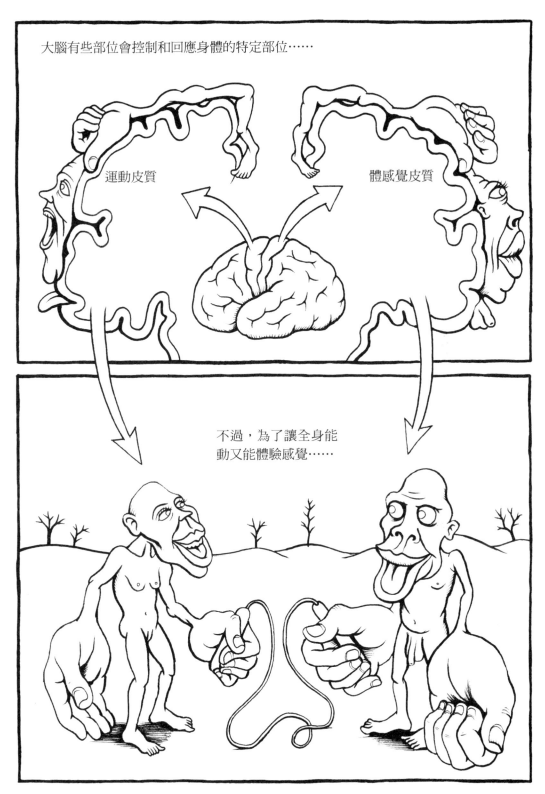

113

所有的部位都必須合作，而腦波可居中協調。

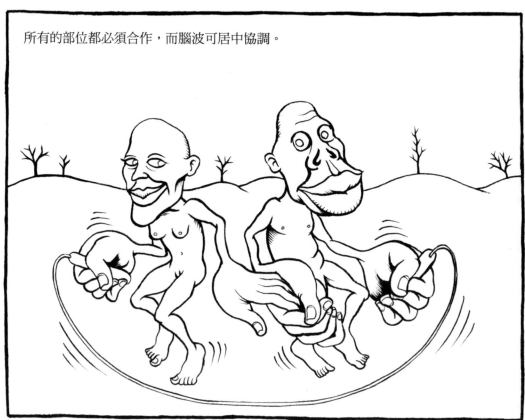

這就是為何腦波和同步有多麼重要了；也就是大腦並沒有**集中控制**的部位！

我們所體驗的，只是大腦各部位活動的整體結果。

你說的心靈，是像「靈魂」那樣的東西？

嗯，當然，科學家並不會用這幾種詞彙來稱呼它……不過，心靈，或不管是什麼，總之讓我們能有「**自我**」意識的東西，是非理性的最後一道防線。

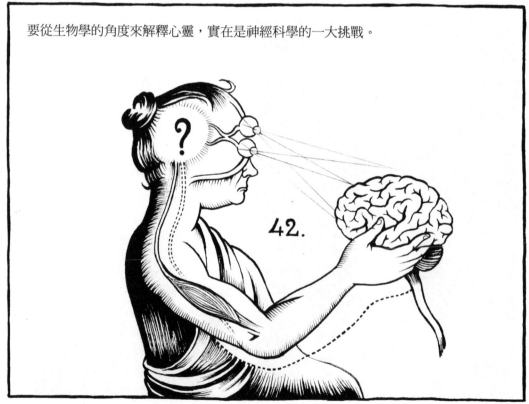

要從生物學的角度來解釋心靈，實在是神經科學的一大挑戰。

42.

我不是。我只是被囚禁在這裡，跟你一樣。

那麼，親愛的，別怕！我會找到這場殘酷遊戲的首腦，帶妳一起離開。

啊！那就祝你好運囉……

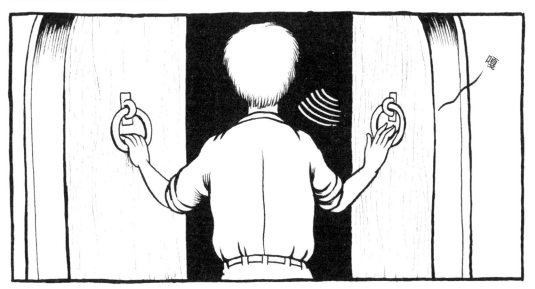

嘎

幻覺、偏執和妄想，是某些最複雜的精神疾病的症狀，如思覺失調症（Schizophrenia，俗稱精神分裂症）。

你是說，這些都是我想像出來的？

聽得到不知打哪來的聲音的人，可不是我喔……

122

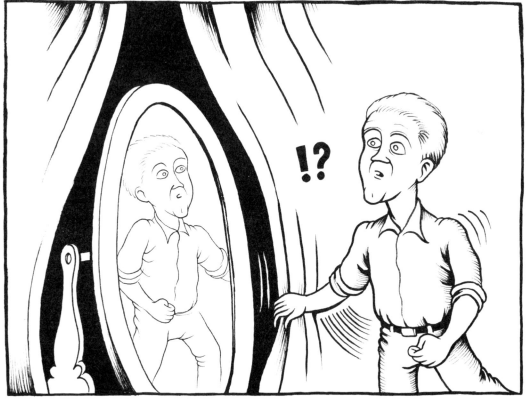

好吧！你終於找到我了⋯⋯

沒有鬼，也沒靈魂！把自己當作住在自己大腦裡的「某人」，這概念
根本只是個錯覺，以為大腦有自己的形體，還能自行活動⋯⋯

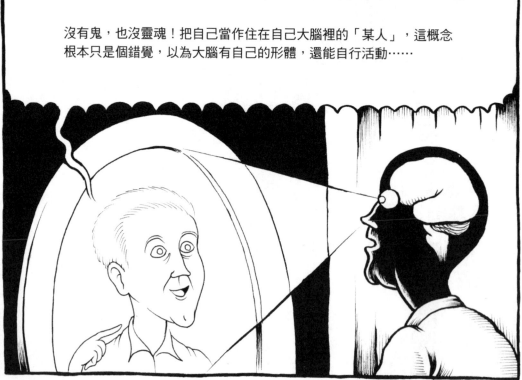

也許這才是人腦真正的祕密；大腦是個了不起的**說書人**。

我們大有本事欺騙自己，看到根本不存在的事物……

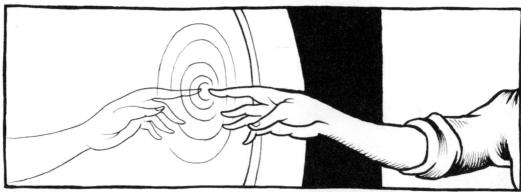

EPILOGUE

結語

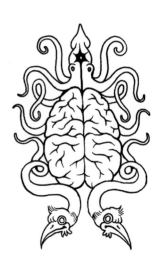

我們是憑著讀者的大腦……

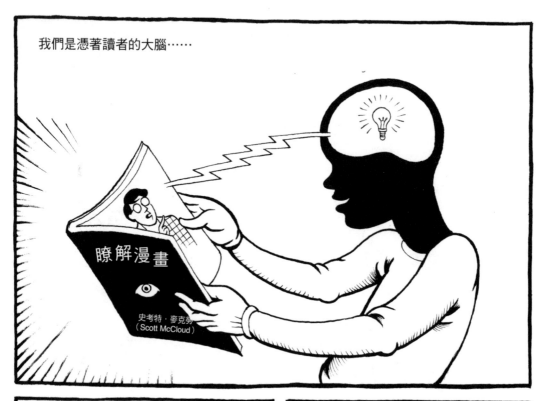

大腦才能看到動作，聽到聲音。

才存在於一張紙上。

我們的大腦非常擅長找出**模式**與**關聯**，與看穿事物的表象……

但我們必須小心，不要對自己不知道的事物做太多假設，這是**科學**的黃金法則。

例如，當一個物體在前後框格中改變了位置……

我們會假設，它是發生在兩個不同時刻的同一個物體。

但實際上，它們是兩個不同的畫面……這樣的關聯，只存在於我們的腦袋裡！

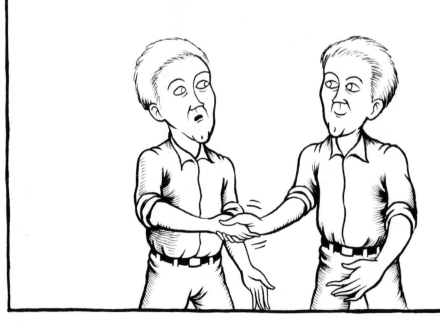

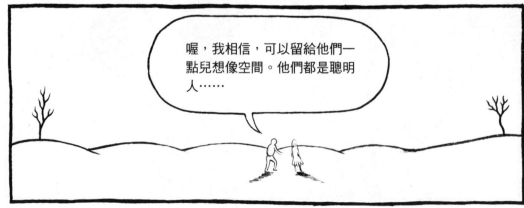

國家圖書館出版品預行編目資料

看漫畫了解腦神經科學 / 馬泰歐‧法瑞內拉 (Matteo Farinella)、漢娜‧羅
斯 (Hana Roš) 著；楊晴譯 .-- 初版 .-- 臺北市 : 商周出版 : 家庭傳媒城邦
分公司發行 , 2015.07
　面；　公分 .-- (科學新視野；117)
　譯自：Neurocomic
　ISBN 978-986-272-829-1(平裝)

1. 神經生理學 2. 腦部 3. 漫畫

398.2　　　　　　　　　　　　　　　　　　104010370

科學新視野 117

看漫畫了解腦神經科學

作　　　者	/	漢娜‧羅斯（Hana Roš, PhD）
繪　　　者	/	馬泰歐‧法瑞內拉（Matteo Farinella）
譯　　　者	/	楊晴
企 劃 選 書	/	余筱嵐
責 任 編 輯	/	羅珮芳
版　　　權	/	黃淑敏、吳亭儀、江欣瑜
行 銷 業 務	/	周佑潔、張媖茜、黃崇華
總 編 輯	/	黃靖卉
總 經 理	/	彭之琬
事 業 群 總 經 理	/	黃淑貞
發 行 人	/	何飛鵬
法 律 顧 問	/	元禾法律事務所 王子文律師
出　　　版	/	商周出版
		台北市 104 民生東路二段 141 號 9 樓
		電話：(02) 25007008　傳真：(02)25007759
		E-mail:bwp.service@cite.com.tw
		Blog：http://bwp25007008.pixnet.net/blog
發　　　行	/	英屬蓋曼群島商家庭傳媒股份有限公司城邦分公司
		台北市中山區民生東路二段 141 號 2 樓
		書虫客服服務專線：02-25007718、02-25007719
		24 小時傳真服務：02-25001990、02-25001991
		服務時間：週一至週五 9：30-12：00；13：30-17：00
		劃撥帳號：19863813；戶名：書虫股份有限公司
		讀者服務信箱 E-mail：service@readingclub.com.tw
		城邦讀書花園：www.cite.com.tw
香港發行所	/	城邦（香港）出版集團有限公司
		香港灣仔駱克道 193 號東超商業中心 1F；E-mail：hkcite@biznetvigator.com
		電話：(852)25086231　傳真：(852)25789337
馬新發行所	/	城邦（馬新）出版集團【Cite (M) Sdn Bhd】
		41, Jalan Radin Anum, Bandar Baru Sri Petaling,
		57000 Kuala Lumpur, Malaysia.
		電話：(603) 90578822　傳真：(603) 90576622
		email:cite@cite.com.my
裝 幀 設 計	/	楊啟巽
內 頁 排 版	/	陳健美
印　　　刷	/	前進彩藝有限公司
經　　　銷	/	聯合發行股份有限公司
		地址：新北市 231 新店區寶橋路 235 巷 6 弄 6 號 2 樓
		電話：(02)2917-8022　傳真：(02)2911-0053

■ 2015 年 7 月 2 日初版　　　　　　　　　　　　　　　Printed in Taiwan
■ 2021 年 10 月 26 日初版 7.5 刷
定價 280 元

城邦讀書花園
www.cite.com.tw

版權所有，翻印必究 ISBN 978-986-272-829-1

本著作之原文版為 2013 年首次出版發行之英語著作 "Neurocomic"，係由英國威爾康信託基金會（The Wellcome Trust）支持出版。